I0846240

1				8		3		
	7						4	8
3				4		5		
	2			3			5	
						6	7	
4			5					
9			6	5				
					1	9		
	6	7	3	9	8	1		

1								6
	4			1				7
			9					5
2							1	
	5					2		8
		7		6		3		9
						8	6	
	9	2	7					
	3	4			2		9	

9			4					2
	2	8		6				7
	4		1			6		
	1	7		4			3	5
6								9
7	9			3	4			
		4	7		1			
6								
		6			2			

7	2				6	1		
6				1				4
8		9			3			5
				4				
			8	5	2			7
	5							
						5		3
2			6	3		4		
			2				7	9

	8		6		3	1	9	
		1	5			2		
	4							7
		4	2		6			
							5	
					9	6	7	8
2	1		9	4	8		3	
			1					
				2	5	8		

	6	1		2			
7							4	
			8		6			
			7		2			
4	6	9				8	5	
	7	4		9			3	
				8	3	2		
	4	3	6		5			
1								

7					4		3	5
6			1	8				4
		1						
								4
	7	9		2		8		
2			8	5	9	3		
4			6				1	
	8	2	3					
							7	

	9			4				2
	2		8		6			7
		4		1			6	
		1	7		4		3	5
6								9
	7	9			3	4		
			4	7		1		
	6							
			6			2		

		8		5				
	3			6				7
	9				3	8		
	4	7	9	5		3		
				7	1		9	
			2			5		
1					2	4	8	
		9						5
				6				

9			3	8		5		
	1	5						7
				4			8	
5			2				6	8
				5			9	
							5	
		2	5	7				
			6		9	2		
	7	4	8	3				

6	5	9						
			1	7				
							3	
	6		3			1		
				4		9	6	
	3	8			6	4	7	
2		7					1	
				1			4	6
			9	5	8			

2			1		8				
				5	7		6	9	
8	5				6		7		3
	3			8	9		4		
		4					8	1	
9	7							5	
		2							
	8		7				3		

1				5		7		
	5		2			3	8	9
		4		3	8			
	8				9		7	
2						4	9	
	5							
3	7	6						5
						8		1
					3	2	6	

7	3						2	
5			9			8		4
		2	3	4		5		
				7			8	9
9		6	2	5				
4						2		
	7							
				3	1			5
	4	3					1	

2				5				
								8
					7			
							7	
9				2	3			
		6	4		9	1		
		9	6			8		2
7		3			2	6		1
1				3	5	4		7

6							7	
					5		2	
					1			
3	6	2					8	1
		9	6					
7	1			9		4		5
	2				6	5	1	
		7	8					3
4	5							

3				7			5	
			9	1	6		8	
6					4			
5	2							7
7		4	6		3	5		
	1						3	
			4			1	2	9
	5			8				
	4							

8						4	7	
		5					6	9
	6		2			1	5	
4						5		3
	5				3	7	1	6
9		3	7					
		8		4				
7	4							
2				6				

			4				6	
6		3				1		
	8						7	
							2	
				5		4	9	
		2	6	9				5
		4			3			
2	9	6						3
3		5			1			8

				7			1	
			8			4		2
	3	7		4				5
6		5						
		4	6	3				
9	2				7			1
	7		3					
		1	4	6	9			
		6		5			2	

3				6	7		3	5
	9					4	2	
					4	8		7
	8		1	4		7		
9								
		3	5			9		1
		8						
5	4				2			
6	3							

		2	7	6	3	9		
	7				1			5
9			2			8		
1	4			2				
			9					
			3			1		8
8	9		1					
3			4	5	9			
4		5			2	7		

	7					5		8
			2					
5	6						3	
		9	8		6	7		
		8		5		4	2	
			3		4	8		5
2	8		4		3			1
			6			9		2
				7				

	7			6			4	8
				7				
9		1			8		2	
2			3	5		7	6	
	6			8	7	4		
			1				5	
							8	
7	1	9						
		3		2				

8					7		1	2
	5	9				6	7	
7								
5				7	8			
9		2		6	5			
	3		4	1				
	6		5		1			
	9		6				2	
3						5		

		8	7				1	
6	2	9		4				
				6				
4	5	2		1	3			
		3						1
3								9
	8							7
9		1		5	2			8
	5	6	8			3		

	7				1			
6								
				5	3			
			8				2	
	3			4	7	1	6	
4						5	7	
				1		7	5	
	6		5	2			4	
3					9		8	6

	6	8	4					
			3				9	4
6			8	1	4		7	3
7		3		6	2		5	
2	3							6
8			5	2		9		1
	7							

2	7				8			6		
		3		5				1		
		8							3	
---	---	---		---	---	---		---	---	---
				4		7			1	
9					1			7		6
6								4		
---	---	---		---	---	---		---	---	---
7						1		8	4	
8										
	9			2						5